Hans-Hagen Hartter

Speckstein

Frech-Verlag Stuttgart

Für eine gewerbliche Nutzung der gezeigten Modelle ist die Genehmigung des Verfassers erforderlich, für die Eskimoplastiken die Genehmigung der Inuit-Galerie.

Fotos:
Antonitsch, Hartter, Herbold

Die Abbildungen der Eskimoplastiken wurden freundlicherweise von der Inuit-Galerie »Kunst aus der Arktis«, Augustaanlage 3, 6800 Mannheim, zur Verfügung gestellt, der einzigen auf Eskimokunst spezialisierten Galerie in Europa.

Auflage: 9. | Letzte Zahlen
Jahr: 1996 | maßgebend

ISBN 3-7724-1145-2 · Best.-Nr. 1145

frech-verlag
GmbH + Co. Druck KG Stuttgart
Druck: Frech, Stuttgart 31

Abbildung Titelseite:
Ipillie Oshoweetok
Schneehuhn, 42 × 15 × 24 cm

Die Plastiken der Abbildungen auf den Seiten 34, 35, 36, 37 und 38 stammen vom Verfasser.

ÄSTHETIK DES SPECKSTEINS

Was die Eskimos in einer sehr langen Tradition entwickelt haben – nämlich die künstlerische Bearbeitung von Speckstein –, hat in den letzten Jahrzehnten – wenn auch unter ganz anderen Voraussetzungen und Bedingungen – auf vielfältige Weise in der Kunst- und Werkerziehung der Schulen Eingang gefunden und ist von Lehrern wie von Schülern, von Erwachsenen in Volkshochschulkursen ebenso wie von Studenten in Übungen an Hochschulen mit großem Interesse aufgegriffen worden.
Die Gründe für die wachsende Beliebtheit von Speckstein liegen wohl vor allem in der weichen Qualität dieses Materials, woraus sich leichte, geschmeidige Bearbeitungsmöglichkeiten ableiten lassen. Dadurch eignet sich dieser Stein auch für *Kurse.* Trotz seiner ganz verschiedenartigen Ausgangsformen bietet er gute Möglichkeiten, im Bereich des plastischen Gestaltens *verbindliche Aufgaben* zu stellen.
Seine positiven Eigenschaften lassen sich am besten verdeutlichen, wenn man ihn mit anderen Materialien vergleicht.
Holz etwa, als das weitaus bekanntere Rohmaterial für *skulptierende Gestaltungsweisen,* zeigt schon durch seine Wuchs- und Faserrichtung einen anderen Einsatz- und Anwendungsbereich; die verbreitete Vorliebe für einfache Hohlformen wie Schalen und Schüsseln kommt beim Gestalten mit diesem Material sicher nicht von ungefähr; eine Erschwernis bilden dort auch die unterschiedlichen Härtegrade innerhalb der Maserung selbst.
Aber auch andere, ihrer Härte nach vergleichbare Materialien, wie etwa Gips oder Ytong, zeigen sich dem Speckstein gegenüber deutlich unterlegen; dies liegt nicht nur an der

stumpfen Strukturlosigkeit solch „synthetischer" Materialien, sondern – mehr noch – an dem gefühlsmäßigen Anteil, den die *Hände* bei der Arbeit mit diesen Materialien haben. Während sich der Speckstein schon im Rohzustand weich und „seidig" anfühlt, hat etwa Gips immer etwas Sprödes. Bei Ytong tritt die poröse, attrappenhafte Wirkung des Materials selbst noch störend hinzu.
Für Gips gilt außerdem, daß er – ähnlich wie Ton – die Feuchtigkeit aus den Fingern und Händen begierig aufnimmt, wodurch sich häufig Unlust bei der Arbeit einstellt; auch wenn mit Messern und anderen Werkzeugen gearbeitet wird, etwa beim Gipsschnitt, bleibt ja der unmittelbare Kontakt zum Material immer bestehen.
Solche den Tastsinn betreffende Nachteile *entfallen* bei der Arbeit mit Speckstein. Trotz seiner Weichheit hat dieses Material eine auffällige Dichte bzw. ein hohes spezifisches Gewicht, das uns während der Arbeit ständig bewußt bleibt.
Schließlich ist es vor allem die *marmorgleiche Struktur* dieses Materials, die sich ästhetisch beim Glätten und Polieren der Form erst richtig bemerkbar macht, und die – anders als bei Holzmaserungen – besonders während des letzten Arbeitsganges häufig für positive Überraschungen sorgt.
Schon die Tatsache als solche, daß Speckstein einerseits wie echter Marmor aussieht, andererseits in der Bearbeitung aber nachgiebig und gefügig wie Weichholz ist und seinem *Härtegrad 1* nach auch auf der untersten Stufe aller festen Materialien steht, eröffnet eine Reihe besonderer *pädagogischer Möglichkeiten,* bis hin zur *Kunsttherapie,* die alle auf diesen sinnlichen *Widerspruch* im Material selbst zurückgehen.
Hinzu kommt der schon angesprochene, durch den Abbau bedingte *Bruchsteincharakter* des Materials, der die auf Formideen von außen angewiesene Phantasie gerade des Laien, Anfängers oder des jungen Menschen in besonderer Weise zum Klingen bringt.
Hier ergibt sich ein klarer Bearbeitungsvorteil, der z. B. bei rundem Astholz oder dem von der Säge geformten Holzklotz fehlt; Zieht man für das plastische Gestalten mit Speckstein ein Resumée aus solchen Vergleichen, so läßt sich feststellen: Wenngleich auch *jedes* Material, das sich

skulptierend, also abtragend bzw. wegnehmend bearbeiten läßt, seine jeweils *genuinen,* d.h. durch nichts zu ersetzenden Möglichkeiten und Vorzüge enthält, so ist Speckstein doch *mehr* als nur eine aktuelle Ergänzung bekannter Materialien. In Aussehen, Weichheit und entsprechend leichter Bearbeitungsweise, – man ist fast geneigt von Modulierbarkeit zu sprechen, – sowie auch in den *haptischen Qualitäten* dieses Materials selbst liegen unverwechselbare Besonderheiten, in seinem unregelmäßigen, oft auch bizarr gebrochenen Vorkommen zugleich schon „natürliche" Motivanreize für die *Gestaltung.*
Speckstein birgt – so gesehen – interessante Möglichkeiten, um sich anspruchsvollen bildhauerischen Problemen zu stellen. Für den Anfänger hat die Weichheit dieses Steins zur Folge, daß er das Material auch *bewältigen* kann.
Der geringe Härtegrad erlaubt es, einerseits schildernde, *erzählerische Details* in Stein zum Ausdruck zu bringen, andererseits zwingt er aber auch zum *blockhaften Vereinfachen,* was dazu erzieht, einen Blick für das Wesentliche von Formen, oder besser gesagt, für des *Wesen von Formen* zu entwickeln.
Vereinfachung wird auch schon deshalb als ein ganz naheliegendes *Prinzip des Gestaltens* erfahren, weil sich erst bei der notwendigen *Elementarisierung* von Formen die *ästhetische Qualität* dieses Materials voll entfalten kann; erst aus dem Kontrast „Material – Form" bzw. „Figur – Struktur" resultiert die spezifische Wirkung von Speckstein, die immer auch in eine *neue ästhetische Qualität* umschlägt.

Kiawak, Ashoona: Vogel, 39 × 23 × 9 cm

TECHNIK DER SPECKSTEINBEARBEITUNG

Charakter des Materials

Speckstein, auch Seifenstein oder Steatit genannt, ist ein „monoklin-prismatisches“ *Mineral,* das uns im Alltag als *Körperpuder,* lat.: „talcum“, begegnet. In *ungemahlenem* Zustand handelt es sich um ein sehr dichtes Mineralgestein, das in ganz unterschiedlichen Farben vorkommt: von nahezu klarem Weiß über Karmin bis zu Braunrot, von gelbem Ocker über jadeartiges Hellgrün bis zu tiefem Chromoxyd oder dunklem Oliv, vom lichten Hellgrau bis zu anthrazitartigem Schwarz.
Dabei kann dieses Material unabhängig von seiner natürlichen Farbgebung ganz *verschiedenartig* marmoriert sein: Von kontrastreichen, stark „durchwölkten“ Strukturen, die den Stein im ganzen durchziehen, über „schraffurartige“ Effekte, die uns an Rutile erinnern, bis zu vollkommen einfarbiger und strukturloser Klarheit reichen die ästhetischen Ausdrucksweisen von Speckstein, die freilich erst im Zuge der abschließenden Oberflächenbehandlung richtig zur Geltung kommen können.
Andersfarbige Strukturen, wie z.B. rote Äderungen in weißem Stein, sind häufig nichts anderes als metallene Oxyde bzw. Fremdeinschlüsse im Speckstein, woraus ab und zu ungleiche Härtegrade resultieren, die seine Bearbeitung erschweren können. In den meisten Fällen bleibt die Marmorierung jedoch „materialimmanent“, d.h. die Härte des Steins ändert sich nicht, so daß beim Formen und beim Polieren keine zusätzlichen Probleme entstehen.
Speckstein kommt in Europa und auch in Deutschland an vielen Orten vor, doch sind die hiesigen Vorkommen von einer Qualität, die den Abbau in größeren Bruchstücken nicht ermöglicht. So überwiegt bei uns die *industrielle* Nutzung vor Ort. Neben der Verarbeitung zu Körperpuder dient euro-

päischer Steatit vor allem als *Füllstoff* in Thermoplasten und auch in Lacken, ferner als Rohstoff für Elektrodenkeramik, als Beigabe zu Pharmazeutika, Fungiziden u.ä.m.
Zum Gestalten eignen sich deshalb vor allem *außereuropäische* Specksteine; asiatischer Speckstein etwa kann in zusammenhängenden Felsbrocken bis zu Zentnerschwere abgebaut werden. Westdeutsche Importeure beziehen das für unsere Zwecke am besten geeignete Material deshalb vor allem aus *China,* aus Ostafrika, aus Brasilien und auch aus Ägypten.
Andere Vorkommen, wie die von den Eskimos genutzten Specksteine, scheiden für uns aus; dort herrscht nicht nur ein wesentlich höheres Preisniveau, sondern der Stein selbst ist auch um einiges stabiler und härter. Dadurch wächst zwar seine Wertschätzung für viele professionelle Bildhauer, für den interessierten Laien sinkt aber seine Bedeutung.

Werkzeuge für die Bearbeitung

Zum Formen von Speckstein ist eine große Zahl von Werkzeugen geeignet. Hauptsächlich kommen Raspeln und Feilen in Betracht, aber auch Beitel, Messer und Schnitzwerkzeuge aller Art, ferner auch Metallbohrer für Öffnungen im Stein oder Sägen wie Stichsäge oder Fuchsschwanz zum *Trennen.* In Frage kommen so gut wie alle Werkzeuge, die auch für die Holzbearbeitung taugen. Die Geräte dürfen auch ohne weiteres schon gebraucht und abgenutzt sein, da ihnen Speckstein einen geringeren Widerstand entgegenbringt als die meisten Holzarten.

Darüberhinaus gibt es eine Reihe von Spezialraspeln, die von ihrer Form her für bildhauerisches Arbeiten besonders geeignet sind. Hierzu zählen *Riffelraspeln* in unterschiedlichen Größen und alle kleineren Säge- oder *Messerraspeln,* die es erlauben, auch winzige Oberflächenpartien präziser zu formen als dies mit den handelsüblichen Raspeln bzw. Holzbearbeitungswerkzeugen von normaler Größe der Fall ist. Riffelraspeln haben ein *gebogenes* Form*ende,* mit dem sich *Mulden* und vor allem auch „untergreifende" Formen verwirklichen lassen. Dabei ist das Werkzeug entweder *löffelartig gerundet* oder aber *lanzettförmig zugespitzt,* so daß sich hier schon von der Werkzeugform selbst ein gewisses Grundrepertoire an unterschiedlichen plastischen Ausdrucksmöglichkeiten ablesen läßt.
Zur Pflege von Raspeln und Feilen gehört immer die *Feilbürste,* da sich das feine Specksteinmehl gern in den einzelnen Rillen bzw. Hieben festsetzt, was uns bei der Arbeit stört.
Wer die Ausgaben vor allem für Spezialwerkzeuge scheut, kann sich vorläufig auch mit unterschiedlich stark gekörnten *Schleifpapieren* behelfen. Sie leisten ebenfalls gute Dienste, können aber auf Dauer bei einem gezielteren Herausarbeiten der eigenen Formvorstellungen nicht helfen.

Vorgang des Formens

Speckstein kann mit *Messern* oder mit *Raspeln,* durch *Sägen* und *Feilen* in die gewünschte Form gebracht werden. Eine schlagende Bearbeitungsweise des Materials ist dagegen *weniger* sinnvoll; hierfür ist der Stein meist zu weich und zu brüchig.

Der „geschieferte" Charakter des Specksteins verbietet es darüberhinaus auch, ihn in den Schraubstock zu spannen oder sonstwie bei der Arbeit gewaltsam zu arretieren, z. B. mit Zwingen.

Nur für das *grobe Zurichten* des Materials oder wenn man einen größeren Block in mehrere Teilstücke zerlegen will, ist schlagendes Arbeiten erlaubt. Da gerade die größeren Bruchsteine selten frei von *Rissen* und *Sprüngen* sind, bietet sich hier ein Spalten bzw. Auseinanderstemmen oder Aufklopfen des Specksteins mit Hammer und Meißel oder Stecheisen geradezu an. Das Zerteilen fällt zwar auf diese Weise zunächst *weniger genau* aus als beim Sägen, aber der Stein bricht dafür auch schon vorher bevorzugt an solchen Stellen, wo er ohnehin durch Risse *geschwächt* war; ein solches Vorgehen (auch mehrfaches „Fallenlassen" auf einen Steinboden genügt manchmal schon) hat den deutlichen Vorteil, daß es später bei der Vollendung der erarbeiteten Formen seltener zu unliebsamen Überraschungen kommt.

Risse sind ohnehin in ihrem Ausmaß vorher schwer einschätzbar. Ob gröbere, feinere oder auch nur oberflächliche Haarrisse und „Prellungen" – häufig stören sie bei der Arbeit überhaupt nicht; größere Formteile halten fast immer gut zusammen, auch wenn das Material ganzflächig von ihnen durchzogen ist; dazu sind zuviele *Verwerfungen* und feine Richtungsänderungen innerhalb der Bruchflächen selbst vorhanden, die schon für eine dauerhafte *Verklammerung* der Teile sorgen; auch ist das stärker „craquelierte" Material schon in sich zu *kompakt.*

Doch bei kleineren Formteilen, Vorsprüngen und „Formnasen" jeder Art ist die ständige Gefahr des Abspringens gegeben.

Auch Naßschleifen, vor allem unter fließendem Wasser, kann noch „im letzten Moment" zum Wegbrechen von Teilformen führen.

Arbeit mit der Raspel

Die Abbildung gibt uns ein Beispiel für die normale Arbeitsweise mit einer Raspel. Der Stein wird in diesem Stadium grundsätzlich nur noch *schabend* bearbeitet. Hierbei kommen gewöhnliche, halbrunde *Grobraspeln* zur Anwendung, die für ein ungefähres *Herausarbeiten von Grundformen* bei Steinen mittlerer Größe in jedem Fall ausreichen.
Die Kombination von flacher und gewölbter Raspelseite bietet zusammen mit den scharfen Schmalseiten dieses Werkzeuges genügend Anwendungsmöglichkeiten, um „in den Stein zu kommen". Fünf „schiefrunde" Teilformen entwickeln sich hier aus dem sockelartigen Hauptvolumen des Steins. Bei dieser Größe und Formgestalt muß der Stein ständig mit einer Hand gehalten werden, so daß für die Führung der Raspel selbst nur die andere übrig bleibt.
Schon aus diesem Grund ist eine maschinenartig exakte, *zu* geradlinige Handhabung des Werkzeuges wenig erstrebenswert. Stattdessen soll die Raspel und die Feile immer auf gegebene Grundformen *eingehen*, d.h. in zügigen und vor allem in *organisch* schwingenden Bewegungen „um das Material herum" bewegt werden. Dieses Vorgehen schließt keineswegs aus, den Stein seinen Vorstellungen gemäß zu gestalten, wie an anderer Stelle noch deutlich wird.

Anwendung der Riffelraspel

Die Abbildung unten links zeigt die Handhabung einer großen *Riffelraspel.* Sie hat im Gegensatz zu den normalen Flachraspeln ein gebogenes, aufgewölbtes Ende, mit dem man im Stein Mulden, Vertiefungen und Hohlformen aller Art herstellt.

Aus der andersartigen Form des Werkzeugs ergibt sich seine besondere Handhabung; das Arbeiten mit der Riffelraspel erfordert größeres Geschick als die gewohnten, normalen geraden Raspeln, denn die Hand muß der geschweiften Form des Werkzeugs ständig folgen.

Um *gleichmäßig runde* Vertiefungen und „Höhlen" im Stein zu erzielen, muß außerdem das ganze Werkstück während der Arbeit regelmäßig um den Mittelpunkt dieser Vertiefung *gedreht* werden.

Für *Durchbrechungen* im Stein, vor allem für die organische Einbeziehung von aufgebohrten und vergrößerten *Löchern* in die Fläche sind die Riffelraspeln unerläßlich. Die Abbildung unten rechts zeigt den fast fertigen Endzustand des Steins der linken Abbildung, bei dem absichtlich die gestalterischen Möglichkeiten speziell der Riffelraspel untersucht werden sollten.

Neben der vorne spitz zulaufenden Form gibt es noch die vorne breite oder die stärker *löffelartig* endende Raspel Mit ihr gelingen auch *untergreifende Formen* an schwer zugänglichen Stellen des Steins.
Die beiden grundlegenden Einsatzmöglichkeiten von Riffelraspeln, die im Handel in mehreren Formen und Größen angeboten werden, machen auch die vier Abbildungen auf dieser Seite noch einmal deutlich.

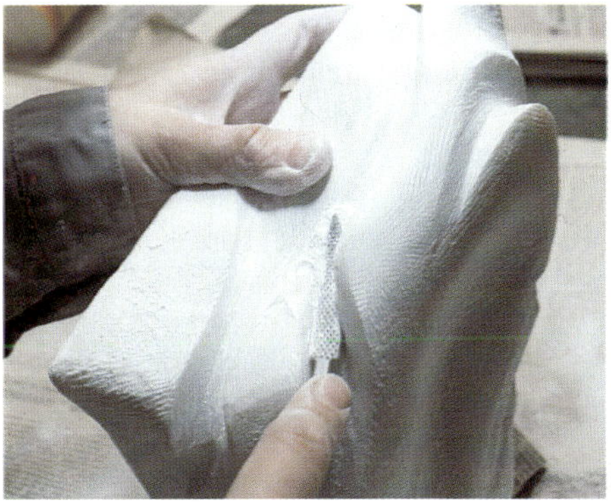

Schnitzen von Speckstein

Speckstein läßt sich nicht nur raspeln und schleifen, sondern auch mit dem *Messer schnitzen.* Die Schnitztechnik ist – historisch gesehen – die weitaus ältere Bearbeitungsform dieses Materials. Durch den fettigen, „schuppigen“ Charakter des Steins kann man seine Oberfläche mit dem Messer ähnlich kontrolliert bearbeiten wie mit der Raspel.
Beim Schnitzen fallen sehr kurze, schuppenartige „Späne“ an, die noch etwas größer sind als das grobkörnige Mehl, das bei der Arbeit mit der Grobraspel entsteht. Für das Säubern von Arbeitsplätzen, Werkstätten, Hobbyräumen ist dieser Unterschied von einiger Bedeutung.
Die Abbildung unten zeigt die Möglichkeit, mit einem spitzen Messer *Rillen* in den Stein zu kerben, die die Oberfläche dieser muschelähnlichen Form gliedern sollen – alte Küchenmesser haben sich von ihrer Größe her beim Arbeiten gut bewährt.
Schwierig ist dieser Vorgang nicht, allerdings tauchen bei dem Versuch, diese Furchen anschließend auch zu polieren, immer wieder Probleme auf, da man auch mit dem feinsten Schleifmittel nur schlecht an die tiefen Stellen gelangt, so daß solche Linien vor allem bei dunkleren Steinsorten, nach dem Polieren gerne wieder hell auftrocknen.
Für viele bleibt die schnitzende Bearbeitung des Gesteins dennoch die angenehmere und vertrautere. Vor allem beim *Arbeiten im Freien und in der Gruppe* liegt es nahe, zumindest *auch* mit Taschenmessern arbeiten zu lassen.

Raspeln haben jedoch den Vorteil, mehr Material abzutragen und *gezielter* auf die gewünschte Form hinzuarbeiten. Das Schnitzen mit Messern hinterläßt dagegen meist etwas wulstige und zugleich leicht facettierte Oberflächenstrukturen, die oft auch noch nach dem Glätten und Polieren den Ausdruckscharakter des Steins im ganzen bestimmen.

Schleifen und Glätten des Steins

In der Abbildung unten wird der Schleifvorgang gezeigt. Gerade bei solch differenzierten Formen, wie der hier abgebildeten, ist Schleifen nur *von Hand* möglich; an besonders engen Stellen auch nur mit zwei *Fingern,* zwischen die man die kleingerissenen Schleifpapierstücke klemmt.

Wichtig für ein folgerichtiges Glätten der Oberflächen ist es, daß man möglichst *quer* zu den noch vorhandenen Rillen und Schraffuren arbeitet, die von der Arbeit mit Raspeln und Feilen stammen. Von der Grobraspel aus empfiehlt es sich, im nächsten Arbeitschritt auf eine grobe Feile überzuwechseln und dann zu einem mittelfein gekörnten Schleifpapier zu greifen. Danach wählt man ein feines Schleifpapier und ganz zum Schluß *Stahlwolle* der Stärke 000.
Als Schleifpapiere eignen sich alle handelsüblichen Sorten, die für Holz und Metall angeboten werden, also z. B. auch *Schmirgelleinen,* mit dem man an besonders unzugänglichen Stellen weiterkommt, indem man es in schmale Streifen reißt und von Hand wie Bandschleifpapier benutzt.
Der Stein wird selten *in einem Zug* vollständig geglättet und poliert. In der *Praxis* des Gestaltens werden immer wieder *Zwischenkorrekturen* erforderlich. Die Formqualität eines Steines läßt sich nämlich immer erst dann richtig beurteilen, wenn sie weitgehend von den Spuren des Werkzeuges befreit ist. Gerade die grobe Raspelstruktur auf der Oberfläche des Materials *behindert* eine sensible Betrachtungsweise bzw. Bewertung der Form. Deshalb ist es nur folgerichtig, in der Phase des Glättens immer wieder auf die gröbere Feile oder Raspel zurückzugreifen. Gerade aus diesem Wechsel heraus entstehen die fruchtbarsten Phasen der *formalen Erarbeitung* einer Plastik.

Naßschleifen

Beim Schleifen und Polieren der Steinflächen fällt während der gesamten Arbeit der *feinste* Staub an. Er schwebt lange in der Luft, ist der Gesundheit wenig zuträglich und setzt sich auch am hartnäckigsten in Kleidern, Werkzeugen, Fußboden und Umgebung fest. Deshalb ist beim Arbeiten mit Speckstein nicht nur eine Unterlage aus Folie oder mehreren Lagen Zeitungspapier nötig, sondern das „Mehl" sollte zwischendurch immer wieder regelmäßig beseitig werden. Auch sollte sich niemand angewöhnen, den Schleifstaub von dem Werkstück zu blasen; vor allem beim Arbeiten in der Gruppe würde so die Luft im Raum unerträglich.
Der Feinstaub, der besonders beim Polieren mit Stahlwolle anfällt, läßt sich reduzieren, wenn man mit *Naßschleifpapier* arbeitet. Die Abbildung auf Seite 12 zeigt einen solchen Vorgang; auch die Stahlwolle läßt sich mit Wasser verwenden, aber sie ist auf diese Weise zum einmaligen Gebrauch verurteilt, weil sie rasch zu rosten beginnt.
Das dunkelgraue Naßschleifpapier läßt sich dagegen trocknen und mehrfach verwenden. Gerade mit schon benutzten Stücken erzielt man die glattesten Oberflächen.
Stein und Papier müssen während des Arbeitens immer wieder vorsichtig *gespült werden,* da sich ein feiner, milchiger Schlamm bildet, der das Werkstück glitschig macht und auch die „Poren" des Papiers ständig zusetzt.
Der nasse Stein vermittelt uns meist schon einen Eindruck von seinem späteren Zustand. Die Maserung tritt jetzt besonders deutlich hervor, auch wenn seine Oberfläche noch einmal stumpf auftrocknet.

Oberflächenbehandlung

Die Abbildung auf Seite 29 zeigt uns die ästhetische Wirkung einer fertig bearbeiteten Figur in poliertem Zustand. Nach dem Naßschleifen bzw. nach der abschließenden Behandlung mit einem Stahlwollebausch muß die Oberfläche des Steins noch einmal auf eventuell verbleibende Kratzer untersucht werden, wie das Beispiel auf Seite 19 zeigt. Danach wird der Stein mit Hartwachs bzw. mit farbloser Schuhcreme *gewachst* und anschließend mit einem weichen Tuch nachpoliert, wie unten zu erkennen ist.
Da das Wachs, je nach Materialart und -farbe, unterschiedlich stark in die Oberfläche des Steins eindringt, muß dieser Vorgang meist *mehrfach* wiederholt werden.
Dabei soll zwischendurch immer auch *nachpoliert werden, damit die Oberfläche so glatt und blank* wie möglich wird: sie wird auf diese Weise zugleich auch unempfindlicher; freilich nur innerhalb der natürlichen Grenzen dieses Materials selbst, das erst im Laufe vieler Jahre an der Luft etwas mehr aushärtet.

Ist der Stein poliert, muß er fast so wirken wie in nassem Zustand. Trocknen trotz des Polierens wieder einzelne Stellen matt auf, so ist dort die Fläche noch nicht fein und gleichmäßig genug geschliffen.
Läßt sich eine Form allen Polierversuchen zum Trotz *nicht* auf *Hochglanz* bringen, so liegt dies in seltenen Fällen am Material selbst. Hier ist es sinnvoll, den Speckstein mit einem handelsüblichen Klarlack zu behandeln; eine Methode, die man aber sonst besser vermeiden sollte.
Außerdem gibt es immer wieder Plastiken, bei denen ohnehin ganze Teile der Steinform unpoliert oder gänzlich unbearbeitet belassen werden, um zusätzliche Oberflächenreize und Formkontraste zu erzielen.
Die auf Hochglanz polierte Plastik ist keineswegs immer die einzige oder die optimale Möglichkeit, gestaltete *Form* „zum Sprechen" zu bringen.

Kiawak Ashoona: Vogel, 26 × 19 × 8 cm

GESTALTERISCHE MÖGLICHKEITEN

Nachdem die handwerklichen Voraussetzungen der Specksteinbearbeitung geklärt sind, sollen die verschiedenartigen gestalterischen *Ausdrucksmöglichkeiten* dieses Materials näher untersucht werden.
Dabei kann es weniger um die große Zahl möglicher Themen oder Darstellungsinhalte selbst gehen, als um eher wenige, dafür aber grundlegende *Gestaltungsprinzipien,* die beim plastischen Arbeiten im allgemeinen und beim Formen von Speckstein im besonderen zum Tragen kommen.
Zunächst gehen schon zu Beginn jeder Arbeit starke Gestaltungsimpulse von den natürlichen *Bruchsteinformen* des Specksteins selbst aus, die meist *bizarr* sind, an Felsen oder Tiere erinnern und fast immer eigenwillig aussehen. Schon im „Rohzustand" ziehen sie deshalb das Interesse jedes Mitmenschen an, der mit Gestaltungsabsichten an dieses Material herangeht.
Viele Bildende Künstler – von Herkules Seghers bis zu Max Ernst oder Henry Moore – haben sich im Laufe der Zeit von Zufallsstrukturen bzw. -formen aus der Umwelt zu ihren Bildern und Plastiken inspirieren lassen; dies ist ein häufiges und ganz legitimes Mittel der *Motivation,* gerade auch für den *Anfänger,* sich von der *individuellen Steinform* anregen zu lassen und darin inhaltlich etwas „zu sehen".
Die Form eines *Fisches,* ein *Kopf,* das sich *umarmende Paar* oder ein *ruhendes Tier* sind Beispiele für solche, bei Bruchstein immer wiederkehrende *Assoziationen,* weil sie teilweise schon durch besonders häufige Seherfahrungen aus der Bildenden Kunst vorgeprägt sind oder weil sie bereits zu Wahrnehmungsstereotypen geworden sind. Oft ist dies z. B. bei Flamingos, Masken, Eulen u. ä. m. der Fall.

Zwei solcher exemplarischen Vorstellungsinhalte sollen hier den *Ausgangspunkt* für unsere weiteren Überlegungen bilden.
Die Abbildungen unten und rechts mit dem grob erkennbaren „Paar“ zeigen und *eine* mögliche Vorgehensweise mit diesem Material: Nach der Auswahl des „richtigen“ Steins, mit der ja meist schon eine ungefähre Themenentscheidung gefallen ist, folgt die Phase des „Zurichtens“. Wenn nötig, wird der Stein zuerst mit der Säge bearbeitet.
Dann werden die Hauptformen mit der Raspel geklärt; der Stein ist jetzt schon wesentlich kleiner; auch vereinfachen sich die Formen und schließen sich stärker zusammen.
Schließlich sind so gut wie alle „gebrochenen“ Oberflächenpartien verschwunden, weil „auf den tiefsten Punkt“ gebracht.

In der nächsten Arbeitsphase werden die so entstandenen Formen dann nach Wunsch gegliedert. Dies zeigt uns das kerbende Vorgehen bei der Kennzeichnung der beiden Köpfe im linken Bild. Man kann von diesem Beispiel aus auch generell feststellen: Muß man anfangs mehr dem Aussehen des *Steines* gehorchen und sich der Form sozusagen unterordnen, so wird der Stein von da ab stärker von unserer Idee und Konzeption selbst bestimmt.
Viele Details lassen sich nun herausarbeiten, die durch die schabende Bearbeitungsweise des Materials und den *langsamen Formungsprozeß* immer etwas von „Versuch und Irrtum" haben. Die sich so klärenden Formen werden bei diesem Vorgehen in ihrer Wirkung *überprüfbar:* sie lassen sich meist noch einmal *abändern* und im Aussehen *verbessern.*

Das Paar, das in den Abbildungen auf den Seiten 22 und 23 gezeigt wird, veranschaulicht dabei bereits die typischen Wesensmerkmale der Specksteinbearbeitung, die den Ausdrucksgehalt solcher Steinplastiken weitgehend bestimmen und festlegen:

- Es ist zum einen die Tendenz zu *„weichen", organischen* Formen,
- ferner die Tendenz zu *Formvereinfachungen,* was schon durch das verkleinerte Arbeiten bedingt wird und schließlich
- die Tendenz zur Kompaktheit, zu *geschlossenen Formzusammenhängen,* die auf die *Weichheit* des Materials selbst zurückgeht.

Vor allem diese *drei* voneinander unterscheidbaren Aspekte, die trotzdem in der Praxis untrennbar miteinander in Verbindung stehen, sollen in den weiteren *Themenvorschlägen* näher berücksichtigt werden.

Die Reihe der Beispiele führt uns dabei von mehr *gegenständlichen* Plastiken über stärker *abstrahierende* Formen bis zu *abstrakten* Arbeitsergebnissen; nach den getroffenen Feststellungen bleiben die Grenzen dabei ohnedies *fließend;* dennoch wird die abstrahierende Arbeitsweise hier favorisiert, weil sie den Möglichkeiten des Materials am stärksten entspricht.

Mit der Vorstellung von Studentenarbeiten ebenso wie mit Plastiken des Verfassers selbst soll die *Phantasie* des Lesers angeregt werden, zu *eigenen,* vor allem *eigenständigen* Ideen zu gelangen. Diese aber kommen nur, wenn man sich selbst handelnd und aktiv mit diesem Material auseinandersetzt. Dabei wird keine Methode im ganzen gewiesen, wie man vorgehen *muß;* im Gegenteil, die Beispiele können nur aufzeigen, wie ein gestalterischer Entwicklungsprozeß verlaufen *kann.* Viele Alternativen bleiben hierbei unausgesprochen impliziert.

Diese vogelartig wirkende Plastik in der Abbildung unten gliedert sich in „fließende“ Formteile und Oberflächen, die einerseits sehr direkt dem ursprünglichen Bruchstein nachempfunden sind, die andererseits Furchen und Vertiefungen aufweisen, die „wie von selbst“ ganz auf die Anwendung der Riffelraspel zurückgehen.
Man erkennt einen schnabelähnlichen Vorsprung mit einer durchgehenden Bohrung für das „Auge“, das der Plastik im ganzen Inhalt gibt und ihre Deutungsmöglichkeiten eingrenzt.
Die Helligkeit des verwendeten Materials täuscht hier leicht über die massige Form und Größe des Steins hinweg, die erst in der Aufsicht deutlich wird.

Vegetabile Form Höhe 14 cm

Im Gegensatz zu der eher mehrdeutigen *Tierform* wurde im Beispiel rechts eine *vegetabile Form* entwickelt, bei der nur wenig Rücksicht auf das ursprüngliche Aussehen des Steins genommen wurde.

Die alabasterhaft weiße Plastik ist *formklar* „aufgebaut". Bei der Gliederung fallen Vereinfachungen und Verdickungen der einzelnen Formteile angenehm ins Auge; trotz ihrer kompakten Gedrängtheit wirkt die Plastik leicht und *natürlich.* Durch die vertikale Hauptrichtung entsteht auch kein Eindruck von Klobigkeit. Das *formlogische* An- und Abschwellen von größeren und kleineren knospenartigen Gebilden verleiht der Plastik außerdem einen gewissen *Rhythmus.*

Jugendstilähnliche Eleganz verbindet sich in dieser „wachsenden" Form mit der *Typik* des Materials, das keine übermäßig grazilen Formdetaillierungen zuläßt, sondern Wahrnehmungseindrücke eher vergröbert und *zusammenfaßt* und schon so zu plastischen *„Umsetzungen"* zwingt.

Will man zu ähnlichen Gestaltungslösungen gelangen, so bieten sich viele *Vorbilder aus der Natur* an: dickblättrige Pflanzen von knappem Wuchs mit derben Blüten, Fettpflanzen, die meisten Kakteenformen, auch aufgeplatzte Früchte und Knollen; alle knospenartig nach außen drängenden Formen kommen als Motive in Betracht.

Der sehr helle Speckstein, der hier gewählt wurde, hat neben seiner optischen Leichtigkeit den Vorzug, Licht und Schatten besonders deutlich zu scheiden. Je heller und je *weniger marmoriert* ein Stein, umso besser wird er für alle *reliefartigen* Gebilde geeignet, wo geringe Höhenunterschiede im Material ein Maximum an plastischen Effekten vermitteln sollen.

Abstrakte Form
Höhe 13 cm

Die Abbildung rechts zeigt eine Studentenarbeit in ähnlich abstrahierender Thematik wie auf Seite 27, eine zweigliedrige, hochstrebende Form, die oben in einer knospenartigen Verdickung abschließt. Durch die starke Vereinfachung der Form läßt sich auch ein stilisiertes menschliches Paar ablesen, ohne daß die Form jedoch inhaltlich darauf zu fixieren wäre. Schon die Ausgangsform des Steins enthielt in diesem Beispiel deutliche Anregungen. Motivierend wirkte hier vor allem auch die interessante Maserung des Steins.

„Figurine“
Höhe 8 cm

In der Abbildung auf Seite 30 wird eine fröhliche, tanzende Figur assoziiert, vor allem durch die erhobenen „Arme“. Bei längerem Hinsehen wird diese Deutung meist als *voreilig* erkannt. Die kleine aber komplexe Formpersönlichkeit ließe sich genausogut als Teil einer Pflanzenformation „lesen“.
Die inhaltliche Zuordnung bleibt letztlich auch *sekundär;* die Qualität dieser Arbeit liegt vielmehr in der Abweichung von der gleichzeitig angestrebten Symmetrie, liegt in der nach rechts oben geneigten *Achse* der Plastik, die zusammen mit dem Schwung der „Arme“ kontrastreiche Spannungen und einen deutlichen *Rhythmus* der Form erzeugt. Gerade solche *„Formschwünge“* werden häufig durch den Bruchstein selbst ausgelöst, oft schon von kleineren Steinbrocken. Überhaupt wird man während der eigenen Arbeit die Feststellung machen, daß kleine plastische Formen in ihrer Wirkung ausgesprochen *groß* sein können, so wie umgekehrt Großformate manchmal klein und sogar *kleinlich* erscheinen.

Iyola Kingwatsiak: Falke, 42 × 22 × 14 cm

Abstrakte Form
Höhe 9 cm

In der Arbeit unten wurde der Stein „nur“ *gefurcht* bzw. in wellige *Schwingungen* versetzt und poliert. Ohne inhaltliche Absichten lebt die hier gefundene Wirkung ganz von der Ästhetik des in seiner ockerrötlichen Maserung fast an Rosenholz erinnernden Materials, die sich durch die *Unregelmäßigkeiten* seiner an- und abschwellenden Vertiefungen im ganzen verstärkt. Ein gutes Beispiel für eine mehr *empfundene* als *erfundene* plastische Form.
Die Oberseite der Plastik läßt erkennen, daß sich das Prinzip der gewellten Oberfläche auch auf der Rückseite wie selbstverständlich fortsetzt und auch die obere Abschlußfläche miteinbezieht.
Einer menschlichen Zahnform nicht unähnlich atmet diese Plastik etwas von der „Selbstverständlichkeit“ der Natur; keine konstruktivistische Glätte, keine „kantigen“ Eingriffe, sondern ein sensibles „Eingehen“ auf die lebendige Struktur des Materials. Mit solchen Formen sollte der Anfänger beginnen, wenn er sich mit dem Material „einläßt“. Keine anspruchsvolle Thematik braucht gewählt zu werden und auch keine detailreichen „Inhalte“. Stattdessen muß der unmittelbare Kontakt mit dem Material gesucht werden. In vielen Kursen wird deshalb zu Beginn ein „Handschmeichler“ gefertigt, der ein erstes empfindendes Verständnis für das Material entwickelt.

„Ameisenbär“
Höhe 6 cm

Hier ist eine Tierform gemeint, ein Ameisenbär, die formal stark *vereinfacht* wurde. Die Reduktion wird hier noch wesentlich weiter getrieben als im Beispiel auf Seite 27; sie spitzt sich auf einen einzigen – schwingenden – Kontrast von *konvex* und *konkav* zu, was sich im Foto nur begrenzt demonstrieren läßt.

Wie Frage und Antwort scheinen sich Oberseite und Unterseite gegenseitig zu bedingen. Ein formales „Pendant“ läßt sich auch in der Natur finden: der „Schulp“ von einem Tintenfisch.

Bei solch dunkelgrünem Stein tritt die Maserung sehr deutlich zum Vorschein; sie rückt durch die einfache Form sogar in den *Vordergrund.* Mehr noch, es entsteht ein *Spannungsverhältnis* zwischen der elementaren Formaussage einerseits und den Binnenstrukturen dieses Materials andererseits, die der äußeren Formenstrenge auflockernd zuwiderläuft. Stärker noch wird dieser Kontrast in den beiden nachfolgenden Beispielen auf den Seiten 34 und 35 deutlich.

Werkvergleiche zur Bildenden Kunst liegen hier nahe; viele Plastiken von Brancusi lassen sich zu solchen Arbeiten in Parallele setzen: sein „Fisch“, sein „Neugeborenes“, „Mlle. Pogany“ u.v.a.m. Die Schlichtheit der Formen, die erst zu modellhafter *Verwesentlichung* und Durchgeistigung führt, hat Brancusi berühmt gemacht.

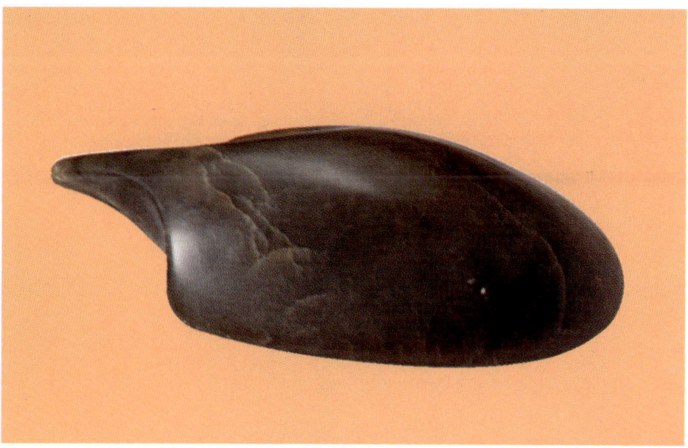

„Froschkönig"
Höhe 7 cm

Reduktion von Formen auch im Beispiel des „Froschkönigs" in der Abbildung unten.
Im Gegensatz zum Ameisenbär nimmt hier ein Wesen aus dem *Märchen* Gestalt an. Zwei Formzeichen finden auf einfache Weise zu einer Synthese: Der *Frosch* einerseits und die *Krone* andererseits. Beide integrieren zu einer kontrastreichen *Einheit;* die Tierform wird zu einem großen, völlig geschlossenen und hinten gerundeten Körper, dessen hochstrebende Kante zum „Maul" wird; die Krone entwikkelt sich tropfenartig zu einem ringförmig geordneten *Noppenkranz* auf der Oberseite der Plastik. Dabei entstehen auch formale Entsprechungen zum „Froschauge" des Tieres selbst, die den Abstraktionsgrad der Plastik mildert.
Was auf Seite 29 durch den Kontrast „Form gegen Materialstruktur" zur Geltung kommt, wird hier mehr durch Formenbzw. Größen- und Richtungskontraste *innerhalb* der Formen verursacht: Dem Frosch als *Form* antwortet die Krone als *Struktur* und umgekehrt.
Hier ist neben das Original noch ein *Abguß* aus Gießharz gestellt. Dieses Beispiel macht deutlich, daß sich Speckstein auch gut für die Herstellung von *Gießformen* eignet, da es sich durch seine fettige Glätte *einfach* von der Gegenform lösen läßt. Hier wurde aus glasfaserverstärkten Schalen eine zweiteilige Negativform hergestellt, mit der sich dann beliebig viele Duplikate herstellen lassen.

„Vampir“
Höhe 12 cm

Auch in diesem Beispiel wird ein *erfundenes* Wesen gezeigt. Aus der an einen Oktopus erinnernden Form entwickeln sich von der mittleren „Kuppel“ aus vier gebuste, überhängende „Nasen“, die auf einer krallenartigen, hohlen Sockelzone aus ebenfalls vier Elementen zu stehen kommen. Den vier kugelförmigen, vollplastischen, symmetrisch angeordneten Elementen antworten vier dazwischenliegende Vertiefungen bzw. *Hohlräume,* die schräg zur Mitte hin in den Stein gebohrt wurden und als Lochschatten zur Geltung kommen.
Die ästhetische Hauptwirkung dieses Steins besteht in den *unterschiedlichen Richtungen* innerhalb der Kugelformen, in dem unterschiedlichen Aussehen von zahlenmäßig gleichen Elementen und in den ausgeprägten *Positiv-Negativ-Kontrasten.*
Die Einfachheit der Formen akzentuiert auch die grobe *Hell-Dunkel-Marmorierung* dieses Specksteins.

Rundobjekte
10 und 14 cm ∅

Die Beispiele auf dieser Seite zeigen den wohl stärksten „Eingriff", der bei Speckstein möglich ist, obwohl man nur elementarisierte, kugelähnliche Formen erkennt. Gerade *weil* Speckstein ein Natur- bzw. Bruchstein ist, bildet jede deutlich *geometrisierende,* jede das Material auf *stereometrische Grundformen* reduzierende Tendenz den stärksten Kontrast zum Material selbst.
Solche Formen stehen unter dem Einfluß der Minimal Art und spiegeln eigenartigerweise gerade durch ihre optische Klarheit die größte *Natürlichkeit* des Steins wieder, weil die glatten Rundungen kaum von Einzelheiten unterbrochen werden.
Während links im Bild eine Kugel von zwei gegenüberliegenden, um 90 Grad gegeneinander verdrehten, halbkreisförmigen *Einziehungen* markiert wird, – die den volumenplastischen Grundcharakter der Kugel hier keineswegs schwächen, sondern im Gegenteil noch einmal steigern, – ist in der rechten Form die Kugel *fußballartig* gegliedert und dazu noch an ihrem „Äquator" stark gekerbt, so daß sie fruchtartig aufzuplatzen scheint.
Der kantige, keilförmig eindringende, wie von der Säge vorgenommene *Einschnitt* liefert so zu der Prallheit der Form einen harten Kontrast.

Plastische Objekte
Höhe 15 und 6 cm

Rundformen erscheinen hier von regelmäßigen *„Verschnürungen"* gegliedert. Versuche, einen nur schwach aufgeblasenen Luftballon mit einer Kordel zu verändern, gingen dem linken Objekt voraus. Eine Plastik entfaltet auf diese Weise ihre höchste *raumverdrängende Kraft.* Der Vergleich mit einem geschnürten Paket drängt sich auf.
Brancusi hat einmal geäußert: „Eine Plastik darf keine Löcher haben", weil jede Mulde die Formaussage *schwächt* und seinem „Prinzip Plastik" zuwiderlaufen schien.
Hält man hier Henry Moores Werke dagegen, so wird das *Antipodenhafte* dieser beiden Großen der Bildhauerei im 20. Jahrhundert erkennbar.
Auch die beiden Objekte auf dieser Seite zeigen ausschließlich *konvexe* Teilelemente, folgen – so gesehen – also der Brancusischen Auffassung.
In der Natur finden wir Kürbisformen, eine bestimmte „vielgliedrige" Tomatensorte, auch – in etwas anderer Weise – die Paprikaschote als vergleichbare Formen, die für ähnliche Themen alle Modell stehen könnten.
Ein *Wechsel im Material* liefert bei der Arbeit oft interessante Anregungen. Will man z. B. die Form einer Paprikaschote verfremden, so bilde man sie zuerst in Ton nach und verändere sie in mehreren Stufen.

Kombinationen mit anderen Materialien

Die Abbildungen auf dieser Seite zeigen Specksteinplastiken in Kombination mit anderen Materialien. Oben ist ein kleiner, vereinfachter Pfau dargestellt, der in einen „bühnenhaft" wirkenden Holzwinkel eingeklebt wurde. In der Abbildung darunter ist eine Kleinplastik auf einen Sockel aus Teakholz geklebt; rechts davon ist ein Messingdorn in ein gebohrtes Loch geklebt, wodurch der kleine, blattartig wirkende Stein besonders elegant „emporgehoben" wird. Als Klebstoff eignet sich UHU hart. Auch verschiedenfarbige Steine lassen sich kombinieren, mosaikartig zusammenfügen und erst anschließend bearbeiten.

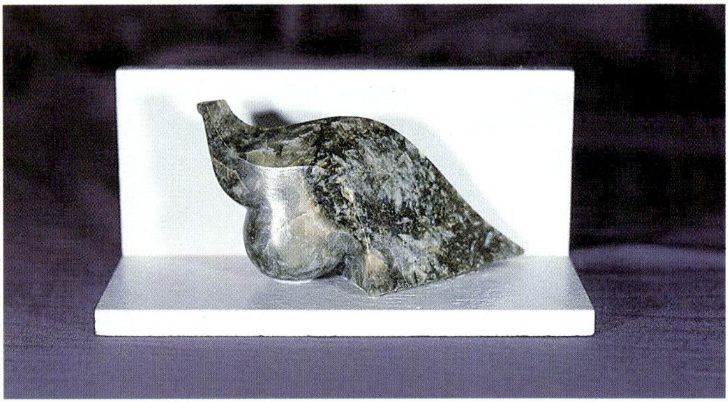

Kaka Ashoona: Robbe, 37 × 15 × 20 cm

Mayoreak Ashoona: Vogel, 39 × 29 × 32 cm

Rosalie Okangut: Vogelmensch, 31 × 22 × 19 cm

Kaka Ashoona: Eistaucher, 26 × 40 × 10 cm

Ipillie Oshoweetok: Bär, 48 × 28 × 12 cm

Kaka Ashoona: Vogel, 37 × 22 × 12 cm

Paulassie Pootoogook: Vogeltotem, 46 × 16 × 10 cm

Kaka Ashoona: Die erste Beute, 33 × 17 × 9 cm

Kaka Ashoona: Junger Vogel, 24 × 18 × 20 cm

Ipillie Oshoweetok: Vögel und der Eulengeist, 53 × 23 × 10 cm